探秘古代科学技术

最坚固的路
罗 马

【美】查理·萨缪尔斯　著

张　洁　译

中国中福会出版社

目 录
CONTENTS

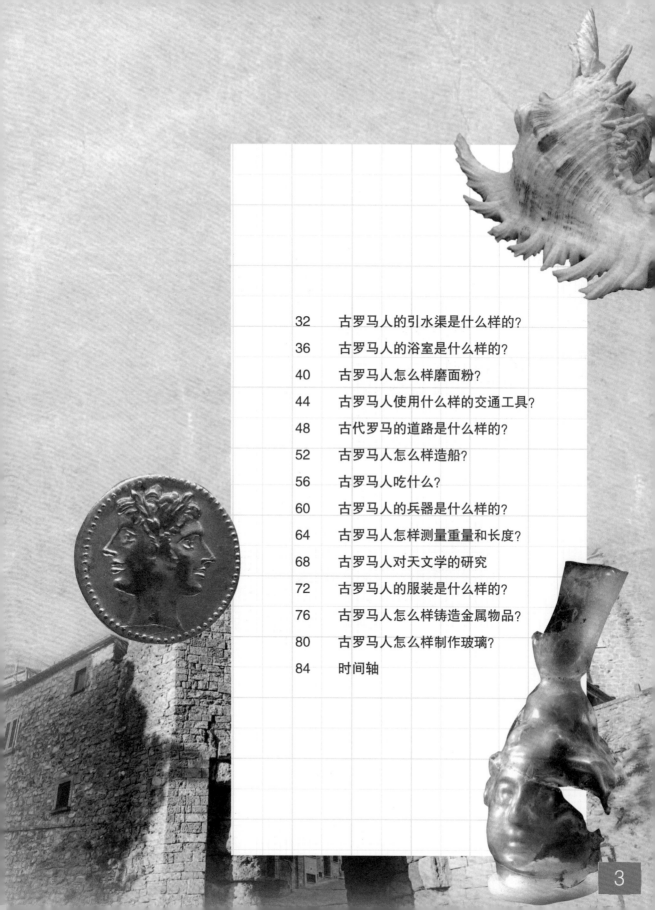

探秘地图

哈德良长城（P30）

巴斯浴池（P38）

加尔引水桥（P33）

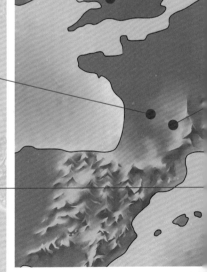

万神殿（P17）

古罗马大竞技场（P26）

阿尔勒的磨机（P41）

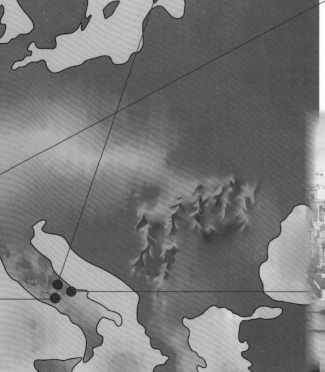

罗马城（P7）

这本书主要讲什么？

在原属于罗马帝国的领土上，到处都有古罗马人的标志：城墙和桥梁、壮观的引水渠、别墅，以及那些著名的笔直官道。罗马人是杰出的建造者，但建筑只反映了罗马帝国科学技术的一个方面。科技还在农业和食品制造、纺织品制造，以及那些令人惊叹的玻璃器皿的创作中产生影响。许多罗马的"发明"其实是采用了前人的技术，比如希腊人的技术。科技在一系列微小的改进中逐步发展，而不是大踏步前进。

帝　国　一大块由国王或女王统治的领土。

引水渠　输送河水的河道。

在一个大部分建筑都是木结构的时代，城市展示了罗马帝国的权力和财富。

罗马的房屋是靠火坑供暖的。这些地板下的空间充满了火炉散发出来的热气。

罗马的兴起与衰亡

大约在公元前 509 年，罗马人宣布成立共和国，此后罗马开始崛起。300 年后，他们统治了整个意大利半岛，还有一部分现在属于西班牙的领土。又经过 300 年的战争，罗马帝国统治了几乎整个地中海地区。公元前 27 年，奥古斯都宣布自己为罗马帝国的皇帝之后，罗马帝国的领土横跨了欧洲的大部分地区，直到公元 476 年，罗马帝国在欧洲的领土落入西哥特人手中。本书将要介绍的是这个令人瞩目的强大帝国所使用的一些最重要的科学技术。

不可不知的背景知识

　　古罗马人的科技并不是靠他们自己从零开始发明的。他们是伟大的发明家，也是杰出的模仿者和改进者，他们善于借鉴其他民族的智慧。在很大程度上，古罗马人的创造应归功于他们在意大利中部的前辈们、埃特鲁里亚人，以及那些统治了地中海东部地区和在意大利南部部分地区开拓殖民地的古希腊人。

　　埃特鲁里亚人建造的大型城市里有道路、下水道和供水系统。他们利用引水渠，将淡水引入城市中。他们还发展了冶金技术。他们建造的公共建筑具有拱门和拱顶。古罗马人使用和改进了所有这些技术。

这个拱门位于意大利的城市沃尔泰拉，是由埃特鲁里亚人建造的。埃特鲁里亚人是这个罗马小镇最早的统治者。

希腊的遗产

古罗马人从古希腊人那里继承了对文化的热爱，比如美术、音乐和诗歌。古罗马人在建筑上也运用了古希腊人的理念；他们以古希腊的船只为原型建造舰船，他们采用希腊人的技术制造日常用品，比如铸造钱币和制作玻璃。不过，一些古希腊的科学，特别是数学，对于古罗马人来说太复杂了。它们因此被古罗马人废弃了，后来才又复兴起来。

殖民地 一个国家在国外侵占并大批移民居住的地区。

冶　金 用焙烧、熔炼、电解、化学等方法从矿石或其他原料中取得所需要的金属。

拱　顶 一种拱形建筑，用来建造天花板或屋顶。

铸　造 把熔化的金属倒入模具中，做出金属物品。

罗马海船的原型是古希腊人在地中海东部地区开展贸易的船只。

古代罗马的建筑

屋顶上铺设了重叠在一起的红色瓦片

建造一座
公共建筑

　　许多古罗马建筑建造于大约 2000 年前，至今仍矗立在原地。古罗马的建筑工人知道，支撑墙壁和屋顶靠的是一股"力"。古罗马的领袖用石头和混凝土建造令人印象深刻的建筑，这是帝国的力量和权力的象征。

　　古罗马人在欧洲多个地区建造了最早的城市。他们建造大型的公共建筑，作为政府办公部门和供奉神灵的神庙。他们建造奢华的别墅，供有钱人居住，也建造高层公寓，供穷人居住。他们是杰出的水利工程师，每个城市都有公共浴室。引水渠将干净的水源引流到城市中，下水道则将污水排走。

用于提升建筑材料的起重机

用木头搭建一个拱顶
的框架，再用砖块和
混凝土建造出来

加固墙壁，用来支撑屋
顶向外推所产生的重量

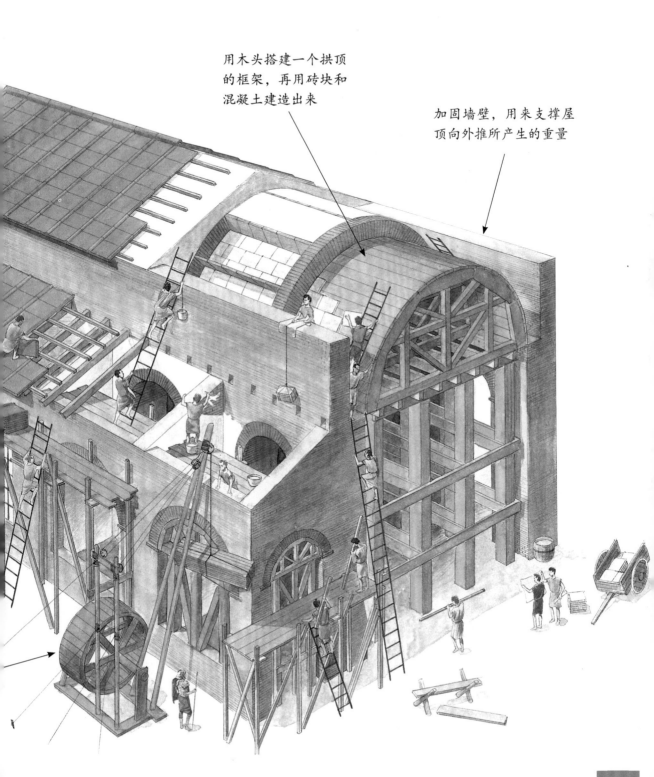

古希腊人和埃特鲁里亚人都在建筑上建造拱门。古罗马人将这种石头拱门进一步完善。拱门利用横向力支撑起向下的重量。一旦将拱顶石放置到位，拱门就变得非常牢固。古罗马建筑工人用拱门来建造坚固但重量较轻的引水渠、桥梁和竞技场。

拱顶石

在建造过程中使用的木架子

罗马城

　　罗马帝国的中心是罗马城。罗马城里有一些古罗马建筑的最佳范例，比如古罗马大竞技场和万神殿。要完成这样大的建筑项目，需要大量的奴隶，这些奴隶来自于罗马帝国各个地方。

你知道吗？

① 古罗马人将混凝土用于建筑，他们将火山灰和碎石混合在一起，制造出一种重量轻但很坚固的建筑材料。

② 混凝土的应用使得古罗马人能发明穹顶建筑。罗马城内万神殿上巨大的穹顶至今仍是世界上最大的穹顶。

③ 古罗马人改进了烧制黏土制作砖块的技术。移动高温窑使得砖块能传播到帝国各个地方。

④ 古罗马人用小块的彩色玻璃块（即马赛克）制作成精美的装饰品，用来装饰别墅和公共建筑的地板。

混凝土	一种坚固的建筑材料，一般用水泥、沙、石子和水混合在一起制成。
竞技场	一个椭圆形或圆形的建筑，里面有观众座位。
马赛克	一种装饰品，将不同颜色的小玻璃片或陶瓷片铺设在一个平面上。

万神殿是什么样的？

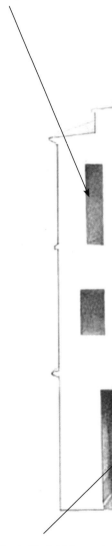

墙壁中的空隙能减轻重量

墙壁上部隐藏的拱门
能支撑穹顶

万神殿内部

现在还保留着最初的建筑样式的古罗马建筑很少，罗马城的万神殿是其中最壮观的一座。它建造于公元 118 年到公元 128 年，是为罗马皇帝哈德良而建的。它使用了当时最先进的建筑技术，这和它的建造目的——供奉所有罗马神灵，是相符的。

万神殿是一个圆形大厅，或称为鼓形，带有一个穹顶。它的内部是以球形为基础建造的，圆形大厅的直径达 43 米，这个数值和从穹顶最高处到地面的高度是一样的。

穹顶顶部的圆孔让太
阳光照射进来

穹顶内部的凹格有助于减轻穹顶的重量，也使得建造穹顶的混凝土干得更快。

建筑奇迹

万神殿的穹顶是世界上最大的没有用钢筋进行加固的混凝土穹顶。在设计上，罗马人尽可能减轻穹顶的重量。它的底部厚 6.4 米，顶部厚 1.2 米。建造穹顶底部的混凝土是用玄武岩制作而成的，而建造穹顶顶部的混凝土则是用浮石制作而成的。浮石是一种重量轻得多的建筑材料。

你知道吗？

① 为了支撑整个建筑的重量，万神殿的基础墙厚达7.4米，沉入地下4.5米。

② 建筑工人用沉重的玄武岩制作的混凝土建造穹顶底部，用重量轻得多的浮石制作了混凝土建造穹顶顶部。

③ 圆形大厅墙壁顶部是一圈砖块筑成的拱门，它有助于支撑穹顶的重量。

④ 建造穹顶的混凝土内部充满了隐蔽的小孔，能减少穹顶的重量。

⑤ 因为使用减轻穹顶重量的建筑材料和建筑技术，支撑它的压力减少了80%。

圆形大厅 一种圆形建筑，通常带有一个穹顶。

古罗马人的别墅是什么样的？

古罗马别墅

古罗马的有钱人运用科技，建造舒适的乡村别墅，以远离城市生活。别墅的设计具有私密性。在别墅的中部，有一个开放的中庭，或称为大厅，那里通常还带有一个小池塘，这使得别墅能在夏天保持凉爽。别墅里的窗户非常少，这是另一个隔热的办法。

古罗马的别墅里有带砖炉的厨房、洗澡的房间，甚至还有浴室。古罗马的炉子是烧木头或是木炭的。奴隶还负责烧火炉。火炉烧热洗澡水，也给至少一个房间供应暖气。火炉中的热气穿过地下管道，从墙壁里的烟道中散发出来。这个系统叫作火坑供暖系统。

储存油的双耳细颈罐

古罗马的别墅具有私密
性，也尽可能建造得凉
爽，以度过炎热的夏季。
它的墙壁上粉刷了灰泥，
地板上通常铺着马赛克。

倾斜的屋顶便于排水

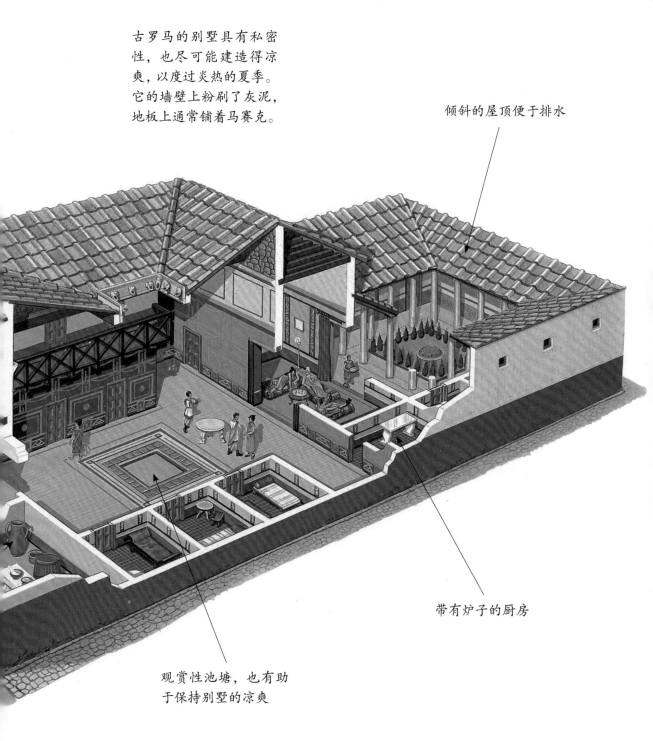

带有炉子的厨房

观赏性池塘，也有助
于保持别墅的凉爽

通过烟道散发到房屋外

热气在地板下流通

公共浴室

古罗马的浴室和现在不同，它不是一个私人空间，而是有一排的座位，每次都有好几个人共用。流水会将污水冲走。

火坑供暖系统将热气从建筑物地板下的火炉中提升起来，通过墙壁散发到整个房间。

你知道吗？

1. 别墅是用砖块建造的，墙面粉刷了灰泥。古罗马人进一步完善了大量生产黏土砖的技术。

2. 古罗马人用两种红瓦片来覆盖屋顶：屋顶表面是用平瓦片铺设的，平瓦片之间的垂直连接处是用半圆形的槽瓦覆盖的。

3. 古罗马的房屋设计最大限度地利用了自然光。

4. 中庭上方的屋顶向下倾斜，这样使得雨水能集中到中庭中央的池塘里。

5. 在乡村，别墅的供水是靠雨水或是河水；在城市中，活水经由管道输送到房屋中。

古罗马大竞技场是什么样的?

位于罗马城内的古罗马大竞技场是一个工程学上的伟大成就。它能容纳 5 万名观众观看比赛，比如格斗竞赛。从公元 72 年到公元 80 年，罗马人仅仅花了 8 年的时间就将它建造完工。古罗马大竞技场原名"弗拉维乌斯露天剧场"，因为修建大竞技场的罗马皇帝维斯帕芗和提图斯都来自于弗拉维乌斯家族。

角斗场上的地板已经不存在了，因此能清楚地看到地窖的遗址。

古罗马大竞技场的墙上有一圈圆形的拱门，能支撑坐在竞技场内的观众的重量。

用途广泛的竞技场

古罗马大竞技场里上演着各类演出，从格斗竞技到海战表演。上演海战表演时要在竞技场装满水。没有人知道这是怎么做到的，可能是用大木桶从引水渠中运水进来的。角斗场里装着 1.5 米深的水，最后靠打开水闸门将水排干。

罗马皇帝图密善在古罗马大竞技场里加建了一层地下室，叫作地窖。在这些地下通道里有 32 个笼子，野兽和格斗者就关在笼子里。罗马人用机械起重机将他们吊到角斗场上。

你知道吗？

① 如果要用水将古罗马大竞技场填满，并且水深达到 1.5 米，那么需要花 7 个小时的时间。

② 古罗马大竞技场的形状是一个椭圆形（卵形），而不是圆形。它的目的是尽可能让更多的人有良好的视野观看表演。

③ 到了夏季，古罗马大竞技场顶部有一排遮阳篷，能为观众遮阳。这些遮阳篷由 240 根木头桅杆、绳索和支柱组成的系统进行支撑。

④ 座位的安排反映出社会地位。古罗马元老院的元老和有钱人坐在第一排。

⑤ 位于底层的拱门共有 80 个，是各自独立的入口。

格斗竞技 古罗马时代专门训练奴隶、战俘或是死囚，为了娱乐大众而互相打斗。

海战表演 将水引入表演区，形成一个湖，表演海战场面。

元老院 是一个审议团体，兼有立法和管理权的国家机关，最初是氏族长者会议，共和时期前任国家长官等其他大奴隶主也进入元老院。

哈德良长城是什么样的?

哈德良长城是古罗马建筑工程中最令人瞩目的一个,它是古罗马人为了保卫帝国的边界免受敌人(北部的苏格兰人)攻击而建造的。从公元 122 年到公元 128 年,罗马皇帝哈德良下令在不列颠的北部建造哈德良长城。它将东部海岸和西部海岸连接了起来,长达 80 罗马里(约 120 公里)。

一些大型的长城段落都完整地保留了下来,这证明了原始建筑的质量。建造长城动用了古罗马三个军团的兵力,他们利用了自然地形,比如峭壁,使长城几乎是坚不可摧的。罗马人用了 6 年的时间,在不列颠北部的恶劣气候中建造长城。后来,还在长城上扩建了大型的要塞。

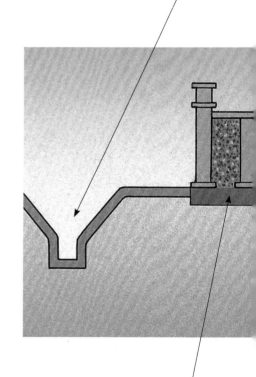

陡峭的壕沟

长城是用碎石、混凝土和石头建造的

道路

宽壕沟

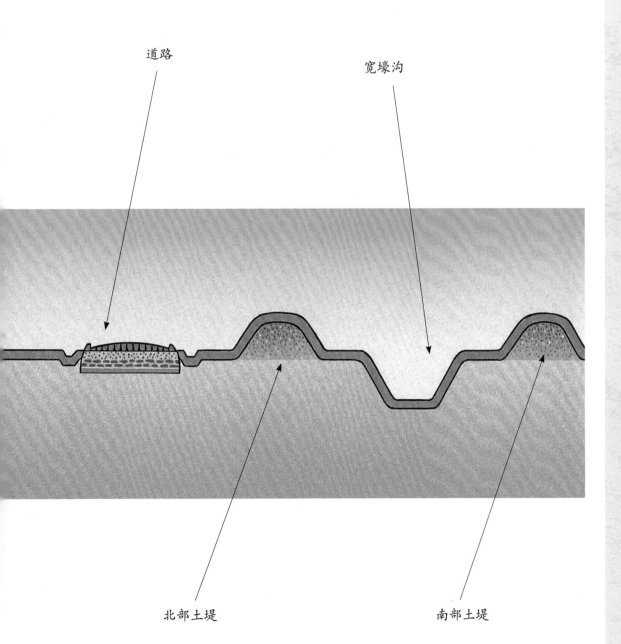

北部土堤

南部土堤

长城根据自然地形而建，比如这些峭壁。图像前方是一个里堡的遗址。

边防

　　哈德良长城上每隔一段都设置了城门。这使得北方没有武装的人能穿过长城进行贸易。长城上每隔 495 米建有一座塔楼，每隔一罗马里（约 1.5 公里）建有一个里堡，每隔大约 11 公里建有一个大型的要塞。大约有 11500 个士兵驻扎在长城上，直到公元 5 世纪罗马帝国衰亡。

你知道吗？

1. 最初计划建造的长城宽 3.3 米、高 4 米，大部分的长城实际要低一些，也窄一些，但是在一些地方它的高度达到了将近 6 米。

2. 长城是用碎石、混凝土和石灰岩建造的。

3. 不同的地段，长城的宽度有所不同。

4. 长城的两边都有壕沟。较宽的一条壕沟是壁垒，位于长城后面。

5. 由于长城是根据自然地形的轮廓而建，因此很少有段落是笔直的。

6. 沿着长城，以大约 1 罗马里（约 1.5 公里）为间隔，共建有 80 个里堡。

古罗马人的引水渠是什么样的?

引水渠是由水渠和管道组成的系统,能将水引流到罗马帝国的各个城市内。正是因为修建了引水渠,古罗马人的房屋里才能有干净的活水、室内水管和排水系统。有11个不同的引水渠将水输送到罗马城。在罗马城内,水被储存在巨大的水池里,再经由一系列的铅管流入千家万户。

古罗马人从埃特鲁里亚人和古希腊人那里借鉴了修建引水渠的想法。但是古罗马的引水渠系统在水资源管理上实现了一次跨越。大约800公里的引水渠将水输送到罗马城内。

加尔引水桥位于高卢(今法国南部地区)。

引水桥是分层建造的。最顶端的一层输送河水，有些引水桥较低的一层是一条道路。

斜坡和拱门

引水渠的工作原理是利用一个稍稍往下倾斜的坡度和地心引力，输送来自山泉和湖泊中的水。大部分的导水管都建在地下，这样能使水资源保持清凉。在那些很难往地下挖掘的地方，引水渠就建在地面上。当引水渠需要穿过山谷时，古罗马人就架设带有一层层拱门的桥梁，水渠就在桥梁的顶部。

你知道吗？

1. 引水渠是用石头、砖块和防水水泥建造的。

2. 地下水渠是用石头和陶管建造的。

3. 大部分引水渠都建在地下不到 1 米的地方，因此很容易进行维修。

4. 克劳迪引水渠（Aqua Claudia）将 70 公里外两个山泉中的泉水输送到罗马城内。

5. 位于法国的加尔引水桥具有一个平缓的坡度，它全长 50 公里，垂直高度一共只降低了 17 米。

古罗马人的浴室是什么样的?

庞贝城的浴池

游泳池

　　古罗马人很注重保持身体清洁，但是很少人家里有私人浴室。因此，古罗马人建造了公共浴池，或称为公共浴场。这些浴室不仅是古罗马人清洁身体的地方，还是他们聚会、休闲的公共场所。古罗马的公共浴池通常建造在一个公园附近，它们都是经过精心设计的。

　　沐浴者脱光衣服后先进入一个高温浴室。当时肥皂非常昂贵，因此大部分的沐浴者都在身上涂抹橄榄油。他们使用一种叫作刮身板的弧形金属棒，将皮肤上的油脂和污垢刮下来。然后他们进入一个温水浴室。最后他们进入一个冷水浴室。

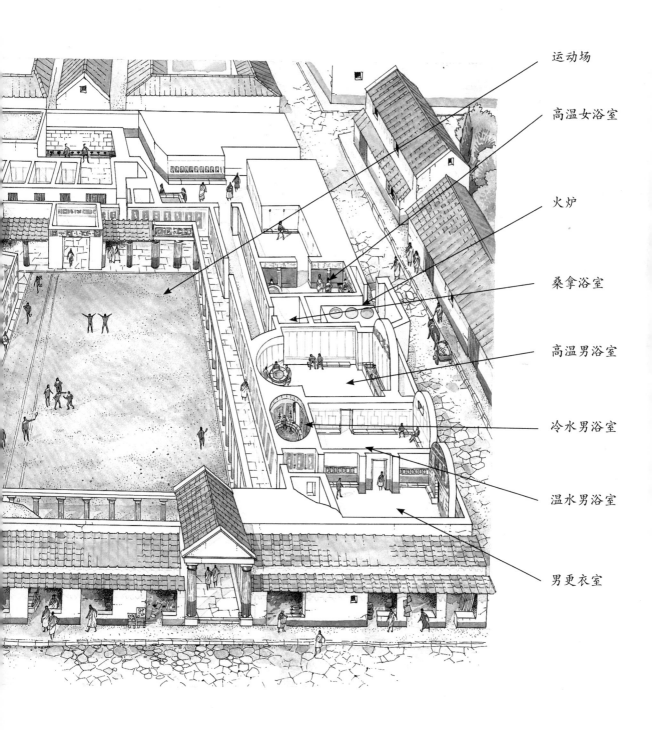

运动场

高温女浴室

火炉

桑拿浴室

高温男浴室

冷水男浴室

温水男浴室

男更衣室

热水

公共浴池里的淡水是用管道从最近的水池里引流过来的。温水浴室和高温浴室里的水都是在锅炉里加热的。有些浴室也用火坑供暖系统，做成蒸汽浴室。

位于英格兰巴斯的罗马浴池建造在一个温泉上面。19世纪早期，英王乔治时代这些建筑得到修缮。

你知道吗？

① 有些浴池里的水来自天然温泉，他们用管道把泉水输送到浴池。比如位于英格兰巴斯的苏利斯泉的那些著名的公共浴池就是采用这种设计。

② 奴隶不停地烧着火炉，以维持热气。

③ 在没有温泉的地方，古罗马人将水储存在锅炉里。高温浴室的锅炉离火最近，温水浴室的锅炉离火稍远一点，冷水浴室的锅炉离火最远。

④ 热气在高温浴室的地板下、墙壁里循环，地板非常烫，沐浴者需要穿上木底鞋。

刮身板 　一个弧形金属棒，用于刮擦皮肤。

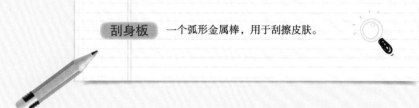

古罗马人怎么样磨面粉？

阿尔勒的磨机

一共有 8 个磨机，每个磨机有两个水轮

齿轮带动磨盘转动

罗马帝国各个地方的人都以面包为主食。为了将粮食磨碎制作成面包，古代人传统上是依靠动物拉磨。但是早在公元前 1 世纪，随着人口的增加，对食物的需求量增大，古罗马人开始利用水力拉磨。

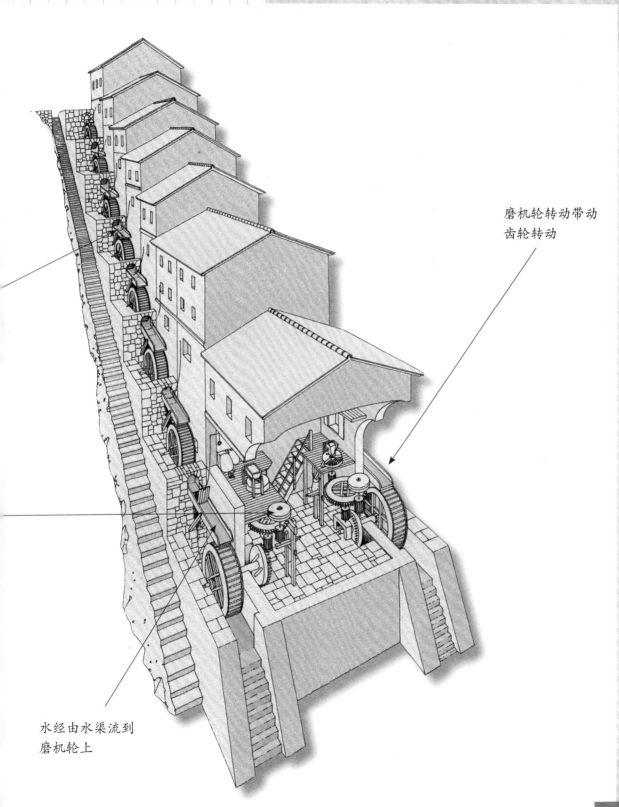

磨机轮转动带动
齿轮转动

水经由水渠流到
磨机轮上

罗马人设计出磨盘的最佳形状，也计算出磨盘旋转速度多快最有利于磨碎谷物。

磨机组

　　公元 2 世纪时，古罗马人在法国南部阿尔勒附近的巴贝加尔建造了帝国最大的磨机组。它由 16 个分成 8 对的水磨组成，这些水磨沿着山坡排列而下，顶部是一个引水渠。水从一个磨机流到另一个磨机，最后流入山底的下水道。阿尔勒总人口大约有 12500 人，这个磨机组磨出的面粉足够满足他们的需求。由于不再使用驴子或马来拉磨，水磨也解放了这些驮畜，人们能利用它们做别的事情。

你知道吗？

① 古罗马人从古希腊人那里学会了使用水磨，但是改进了这一技术。

② 水磨的转动可以依靠磨机上方流动的水（上射式磨机），也可以依靠轮子下方流动的溪水（下射式磨机）。

③ 水轮的动力通过齿轮装置传输到磨盘上。

④ 罗马人改变了磨盘的形状，将它做得更宽更矮，相互摩擦的石头表面则做得更小。

⑤ 罗马人的磨盘是用玄武岩制作的。这种岩石带有天然的沟槽和边缘，有助于将粮食磨得更加精细。

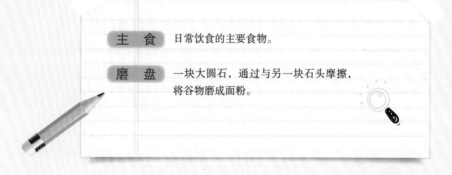

主 食 日常饮食的主要食物。

磨 盘 一块大圆石，通过与另一块石头摩擦，将谷物磨成面粉。

古罗马人使用什么样的交通工具？

　　在一个庞大的帝国出行，需要可靠的交通工具。凭借着罗马著名的官道网络和水路，人和商品都能自由运输。大部分的人出门靠步行，他们一天能行走 20 到 25 公里；由于有了道路，一辆货运马车一天最多可以行进 56 公里。

　　那些短途的、花费少的旅行，由奴隶将商品背在背上。农村里使用牛拉的货车。士兵、政治家、商人和旅游者都需要长途旅行。如果对要去的地方不了解，他们就使用旅行手册。旅行手册里有早期的地图，地图上列出了地名和两地之间的距离。

马对于运输来说非常重要。它们拉着两轮货车，还承担着快递的任务。

罗马人建造海港供海船卸货，比如这些穿过地中海从北非将粮食运来的海船。

海上航行

　　夏季，装满了商品的货船穿梭于海洋中。然而，航海是充满危险的。当时没有指南针，海难很常见，因此船只都尽可能地靠近海岸航行。不过海盗已经不再是一个威胁，因为古罗马人给整个地中海地区都带来了和平。

你知道吗？

1 为了运输货物，古罗马人修建了运河。连接波尔图港口（位于台伯河河口）和罗马奥斯提亚港口的运河宽 90 米。

2 两轮战车和两轮货车的轮子都是铁制的。

3 罗马的长途客车能装载最多 1000 罗马磅（327 公斤）的乘客和行李重量。它们的外表是箱形的，上方覆盖了一块布，给乘客提供遮蔽。

运 河 一种人工开凿的水道。

古代罗马的道路是什么样的？

罗马官道的分层结构使得它们能具备良好的稳定性，这是它们在修建2000年后仍在继续使用的原因之一。官道表面铺设的石头使得雨水能排入到道路任意一边的排水沟里。

官道的结构

道路边缘

排水沟

从公元前4世纪起，古罗马人就开始用石头建造一个道路网络，以连接他们庞大的帝国。这些官道对官员和商人来说是非常重要的。在遇到麻烦的时候，它们也有助于转移部队。这些官道修建得非常好，许多至今仍在使用。

铺设路面的大型石块

路边石

碎石

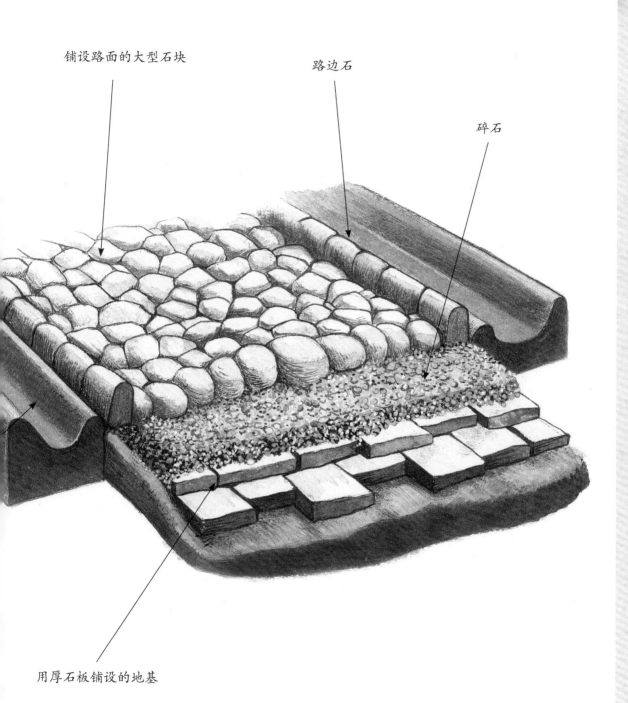

用厚石板铺设的地基

罗马的官道根据一条直线而建，这条直线是测量员用一根叫作 groma 的瞄准杆排列出来的。

条条大路通罗马

这个官道体系的核心是罗马城。官道以罗马城为起点，向帝国的各个角落延伸出去。最早的一条道路叫阿庇乌斯官道，它修建于公元前312年，通往罗马城的南面。其他重要的道路中心还有高卢（今法国）的里昂和英国的伦敦。

到了公元1世纪罗马帝国的强盛时期，罗马的官道横跨欧洲、北非和中东，西起大西洋，东到幼发拉底河。整个官道系统由总长8万公里的道路组成。

你知道吗？

1. 官道通常是由士兵组成的施工队修建的。

2. 这些士兵们先要开挖两条相距 12 米的平行排水沟。

3. 他们将两条排水沟之间的沟槽清理干净，作为路基。

4. 他们用厚石板铺设地基，地基上面铺上沙子或砂浆。然后再铺设一层碎石。

5. 在路基的最上方，他们铺设厚石板，或是混合了砂浆的鹅卵石。这使得雨水能排入排水沟。

6. 大型官道的两边通常还铺设路边石，最高可达 20 厘米。

古罗马人怎么样造船？

古罗马人依靠商船，或称为考贝塔，来实现帝国统治，运输小麦、酒、油和服装。商船上装载着大型的木鹅头，鹅头代表着埃及女神伊西斯，她是海员的守护神。

商 船

上过蜡的木材

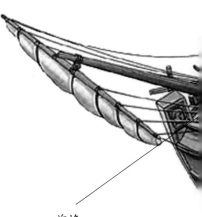

前桅

古罗马人建造海船使用的是地中海地区的造船方法，这种方法是由早期希腊人发明的。罗马帝国有一个贯穿整个国家的贸易航路网络，装载着货物的商船就在这个网络里穿梭航行。古罗马人用战船来加强他们对地中海地区的控制，他们将地中海称作 Mare Nostrum，意思就是"我们的海"。

古罗马主要的货轮叫作考贝塔。它的船体是圆形的，船头和船尾是弧形的。考贝塔虽然外表笨拙，航行速度缓慢，但是它非常适合航海。它最远可航行到印度，最多可装载 350 吨的货物。

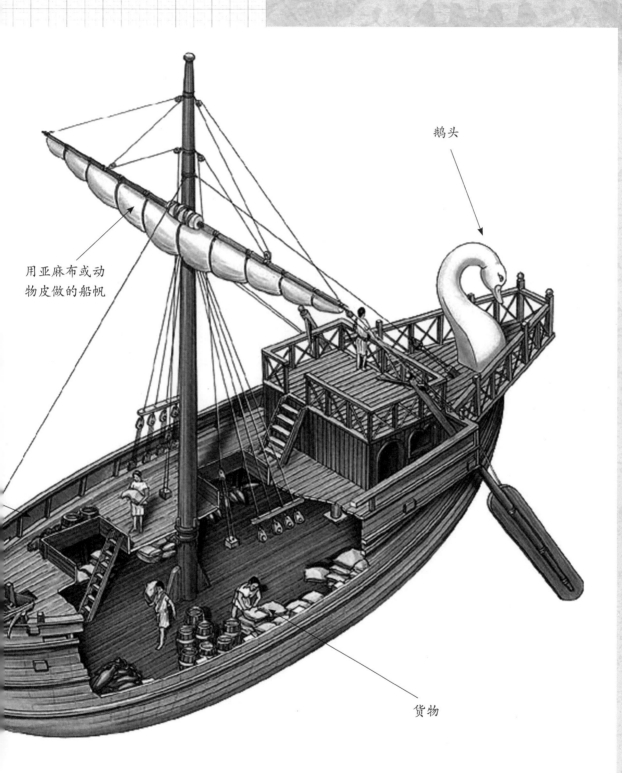

鹅头

用亚麻布或动
物皮做的船帆

货物

有些大帆船上装着吊桥，士兵可以通过吊桥登陆到敌船上，但是吊桥的重量造成大帆船航行不稳。

战船

标准的罗马战船称为五桨座战船。每个桨配备了五名桨手，整个战船大约有300个桨手。这些大帆船以高速划行，冲入敌人的船队中。在船头有一个撞角，能在水下凿穿敌船，同时士兵跨过坡道，冲进敌船进行攻击。

你知道吗？

1. 造船工人先将船体的龙骨铺好，再将厚木板铺设上去。

2. 用卯榫接头将厚木板边对边紧紧连接在一起。

3. 造船工人用蜡、柏油织布或铅片覆盖在船体上，使其具有防水性。

4. 最大的货船是装粮船，它们将粮食从埃及运到罗马。如果用装粮船来运输旅客，最多可以乘坐 600 人。

5. 商船的平均速度是 6.5 公里／小时。一艘大帆船的划行速度最高可达到 22 公里／小时。

龙 骨 船只、飞机、建筑物等的像脊椎和肋骨那样的支撑和承重的结构。

卯 榫 卯眼和榫头，其结构常用于木制器具。

古罗马人吃什么?

刀片将谷穗从
茎秆上分离

农业是古罗马经济的基础。主要的农作物是小麦。面包是古罗马人的主食,他们每一顿都要吃面包。罗马人也种葡萄,酿造葡萄酒,种植橄榄,榨取橄榄油。许多农场都被并入大庄园,奴隶在庄园里劳作,他们是廉价劳动力。

耕种农作物前,先要用牛拉犁耕地。早期的浅耕犁仅仅是一些锋利的小木棍。古罗马人在木棍上增加了一个刀片,叫作犁刀,这样就能翻开土地。最初古罗马人靠人工使用镰刀收割农作物。到了公元1世纪,他们发明了一种收割机。

收割机

浅耕犁（下图左边）有一个金属尖端，能用它翻地。高卢的罗马人发明了一种新型的犁（右边）。它的犁头前面有一个犁刀，能开垦和翻动欧洲北部更黏的土壤。

犁   犁刀

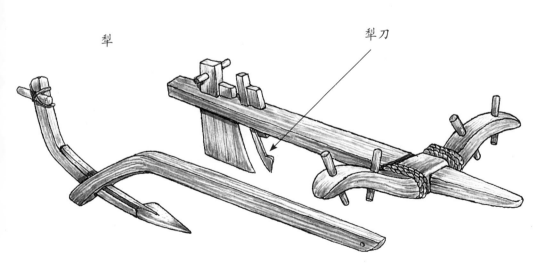

一个牧羊奴隶正看着他的羊群，其他的奴隶有些在收橄榄（左边），有些在从葡萄藤上采葡萄（右边）。

节约土壤

　　古罗马人采用轮作和混合耕种法。这使得土壤能得到休息，避免因过度使用土地而耗尽土壤中的营养。

你知道吗？

1. 古罗马人种植二粒小麦，这是一种古代的小麦种类，它的蛋白质含量是现代小麦的两倍。

2. 小麦种植是一种劳动密集型劳作，需要将小麦切割、脱粒和筛选，分离出麦粒，然后再将麦粒储存起来。罗马人引进了机器，用于不同阶段的劳作。

3. 古罗马人砍伐了大量的森林，改造成农田。

4. 古罗马人酿造葡萄酒的方法是先用脚踩葡萄，或用机械压力机压葡萄。

5. 古罗马人在帝国的各个地方都种植橄榄。

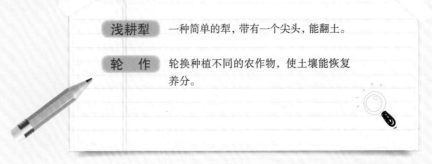

浅耕犁　一种简单的犁，带有一个尖头，能翻土。

轮　作　轮换种植不同的农作物，使土壤能恢复养分。

古罗马人的兵器是什么样的?

盔甲

古罗马士兵穿着用重叠在一起的铁片做成的柔性盔甲，盔甲的背部是用铰链连接起来的，正面则固定在一起。整件盔甲上的金属板是用皮带连接起来的。头盔采用了凯尔特人的设计，是用青铜铸造的。士兵们还手持一个椭圆形盾牌，盾牌是用木头制作的，表面覆盖了亚麻布和小牛皮。盾牌上还有铁条，能防御敌人的刺剑。

古罗马人依靠军事力量征服意大利，扩张和维持他们的帝国。古罗马士兵的兵器包括斧头、长矛、匕首、剑，还有盔甲和盾牌，比如长形盾。大型的兵器用于围攻敌人的城市，这是罗马战争中重要的一部分。

古罗马人建造了攻城机械，可以将它推上城墙。他们有攻城槌和钻孔机，其中攻城槌的顶端是用铁铸造的。他们还有高大的木塔，士兵们可以爬上木塔，再通过吊桥，爬到敌人的城墙上。他们还有其他大型兵器，其中有一种叫弩炮。弩炮是一种大型的弓弩，可以发射火焰箭或尖头箭。还有一种是投石机，可以将石球最远扔到 425 米外。

盔甲的背部是用铰链连接
起来的，便于脱卸

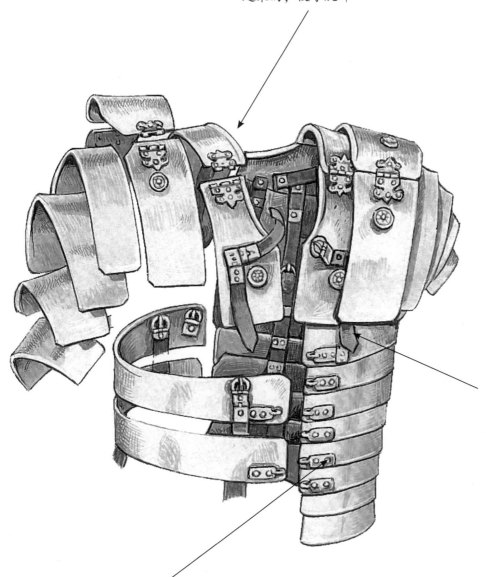

用皮带将金属板
连接起来

钩子和饰带固定
在盔甲的前方

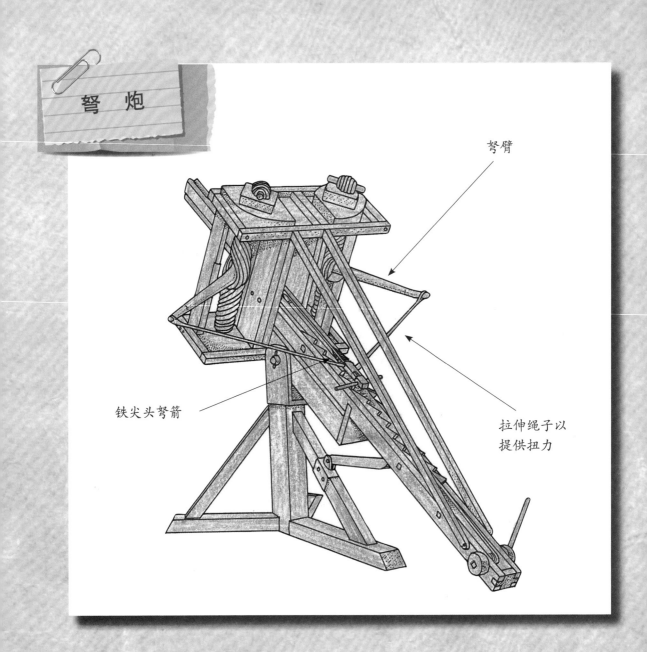

弩臂

铁尖头弩箭

拉伸绳子以
提供扭力

个人兵器

在战斗中，一个古罗马士兵装备的兵器包括一块表面覆盖了金属的长形盾、一把罗马短剑、一把尖端是金属的长矛、一个青铜头盔和一套金属盔甲。

你知道吗？

1. 古罗马的兵器通常是以古希腊的兵器为原型制作的。

2. 投石机有时候也投射黏土球，黏土球的内部填满了可燃物质，当黏土破裂，整个球就会燃烧起来。

3. 长形盾是弧形的，它可以同时保护士兵的前方和侧方，它高 1 米，宽 75 厘米。

4. 士兵们用盾牌形成一只"乌龟"，这是一种队形，他们将盾牌举过头顶，形成一个防护壳。

攻城机械 一种大型的机器，用于攻击所围攻城市的城墙。

古罗马人怎样测量重量和长度？

罗马帝国统治的基础是贸易，这些贸易通常是远距离的，在不同的民族之间开展的。对于整个罗马领土的贸易和建设来说，统一的重量和长度标准是非常重要的。最重要的度量单位是罗马里，罗马人甚至用它作为边界线的长度单位。

罗马人最早使用了"罗马里"（拉丁语是 mille，意思是"一千"）的概念，"罗马里"用于在罗马的道路上标记间隔距离，以及决定在哪里设置要塞。现在，已经没有人知道一罗马里的确切长度，可能约为 1.5 公里。

测量杆的四个边都有砝码，有助于测量员确保它是垂直的。

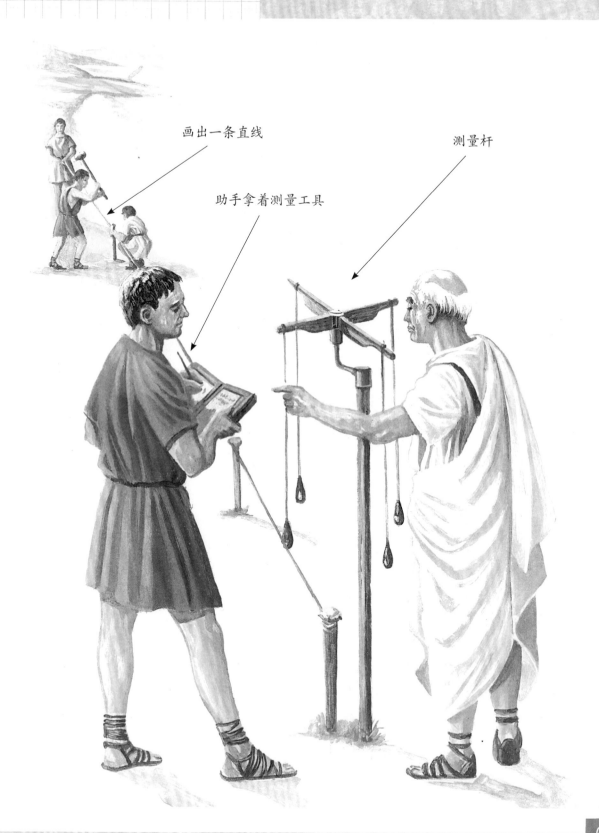

画出一条直线

测量杆

助手拿着测量工具

这个容器是用来测量容量单位罗马斗（modius）的，砝码和量尺是由国家控制的。

勘测

　　度量的作用之一就是勘测。测量员规划出道路、要塞、桥梁的地点和城市的位置，他们使用棍杖和一些简单的工具进行测量。测量杆（groma）是一种测量工具，是指在一根垂直小棍的顶端，固定了两根呈十字交叉的小木棍，测量杆能画出直线和直角。罗马人通常依靠计算，算出引水渠的坡度。

你知道吗？

① 重量的基础单位是乌尼卡（unica），1乌尼卡等于28克。

② 固体体积和液体容量的基础单位是塞克斯塔里乌斯（sextarius），1塞克斯塔里乌斯大约是0.53 ~ 0.58升。

③ 1罗马里是1千步，但是没有人知道它精确的长度是多少。

④ 1罗马尺是29.5厘米。

⑤ 道路的间隔距离是从古罗马广场上的"金色里程碑"开始标记的。

⑥ 测量员们乘坐着装备了齿轮的马车，测量道路的长度。每隔一罗马里，齿轮就推动一颗鹅卵石到容器里。

古罗马人对天文学的研究

古罗马人改变了历法的形式，使其以太阳为基础，而不是以月亮为基础。旧的阴历是根据月亮的周期制定的。一年有 12 个月，共 355 天。但是这种农历年和太阳年不一致。

到公元前 1 世纪时，历法出现了一个季度的偏差。2 个世纪前，天文学家就已经知道一年的确切天数是 365.2 天。到了公元前 46 年，尤利乌斯·恺撒采用了一部太阳历，它一年有 365 天，每隔四年有一个闰日。

在罗马帝国晚期，托勒密提出了一个错误的、但有影响力的宇宙观。

著名的天文学家

托勒密是一个希腊裔罗马人，公元 127 年至公元 145 年，他在埃及的亚历山大里亚工作。他描绘了一个星系，地球位于这个星系的中心。托勒密的研究成果影响了此后 1400 年的天文学家。整个罗马天文学的研究都建立在"地心说"的基础上。

日晷是在公元前 236 年从西西里岛引进的。古罗马人用它将白天划分成 12 段大致相等的时间，就是我们说的小时。

你知道吗？

①　在罗马帝国晚期，罗马人采取以耶稣基督的"生年"为起点的纪年方式，分为公元前（B.C.）和公元（A.D.）。

②　在采用太阳历之前，需要消除农历造成的天数上的偏差，因此前一年有445天。

③　这部新的历法根据尤利乌斯·恺撒的名字，命名为儒略历。

④　许多我们现在使用的月份的名字都来源于罗马历法。

⑤　和古埃及人、古希腊人一样，古罗马人用日晷报时。

历　法　用年、月、日计算时间的方法。

阴　历　以月亮的月相周期进行计算的一种历法。

太阳历　即阳历，以地球绕太阳公转的运动周期为基础而制定的历法。

闰　日　阳历四年一闰，在二月末加一天，这一天叫做闰日。

地心说　古时天文学上一种学说，认为地球居于宇宙中心静止不动，太阳、月亮和其他星球都围绕地球运行。

日　晷　古代一种利用太阳投射的影子来测定时刻的装置。

古罗马人的服装是什么样的？

布料生产是古罗马最大的产业，也是劳动密集化程度最高的产业之一。从富人穿着的漂亮的进口丝绸和棉布，到穷人穿着的粗麻布，每个人都需要布料来制作服装。这个产业包括纺纱、织布，以及用染料给布料上色。像织布一样，根据贫富差别，染料的种类也不一样。

最常见的布料是羊毛，但罗马人也大量使用亚麻布和麻布。丝绸是从中国进口的，另外还从印度进口高级棉布。

羊毛布料的准备工作需要耗费大量的时间：先要将剪下的羊毛浸泡在水中，再将它们弄干。一旦这些羊毛纤维干燥了，还要把它们压平、弄光滑，最后才能纺织成羊毛布料。

古罗马人使用立式织布机。在悬挂着的纺线底部系着铅坠子。

Ciampini

染布

    染料的来源各不相同，价格变化也很大。推罗紫以推罗城命名，它是从一种软体动物中提取出来的。因为这种颜色的布料生产成本非常高，因此最初只有国王能穿着它。

古罗马人用一种软体动物来制作推罗紫染料，这种染料非常珍贵，有些人甚至会买到假货。

你知道吗？

①　布料是用立式织布机在家里纺织而成的。贫穷的妇女为自己的家人织布，有钱人则使用奴隶为他们织布。

②　为了使布料保持洁白，古罗马人经常用一种溶液进行清洗，这种溶液里还包含了尿液。

③　古罗马人认为品质最高的羊毛出自意大利南部的塔兰托。

④　大部分的染料都来源于植物，可供选择的范围相对有限：藏红花可制作出黄色染料，茜草类植物可制作出各种不同色调的红色染料。

⑤　蓝色染料最常见的来源是靛蓝，是从亚洲的植物中提取的。

⑥　古罗马人用铁明矾作为染料的固色剂。

古罗马人怎么样铸造金属物品？

　　金属对古罗马人来说很重要，他们用金属铸造工具、钱币和雕像。罗马周围地区的金属资源很少，因此要通过远距离贸易来获取金属。尽管意大利有矿山，但是古罗马人从西班牙和希腊进口金和银，从英国进口锡，从西班牙和塞浦路斯进口铜。

　　由于金属非常稀有，因此古罗马人经常将金属物品熔化后再加以利用。罗马人从古希腊人那里学会了使用钱币。从公元前 3 世纪起，古罗马人开始使用钱币。银币在罗马城铸造，在整个罗马帝国流通。

这尊马可·奥列略的雕像用马的三条腿保持平衡，这对于雕塑家来说是一个挑战。

这枚银币展示了罗马的两面神雅鲁斯，古罗马人在钱币上加入这样的设计，以此证明它们是真的。

铸造雕像

古罗马人用青铜铸造雕像。最受欢迎的青铜雕像之一表现坐在马背上的皇帝。铸造一尊骑马雕像需要很大的技巧，因为所有的重量都由马匹纤细的脚踝进行支撑。皇帝过世后，他的雕像经常会被熔化掉，青铜则会被重新利用。

你知道吗？

1. 采矿是很危险的工作，因此都由奴隶完成。他们用石镐或金属镐挖掘出矿物。

2. 古罗马人用水车排干被洪水淹没的矿山。

3. 古罗马人将铜和锌混合，制作出了金的替代品，它的价格比金更加便宜。

4. 古罗马人将铁和碳混合在一起再加热，生产出了更坚固的金属，这就是钢。

5. 古罗马的钱币包括阿斯（青铜）、塞斯特帖姆（一种小银币）和便士（一种大银币）。奥里斯是一种金币。

古罗马人怎么样制作玻璃？

　　古罗马人从古希腊人那里学会了制作玻璃，希腊人将五颜六色的玻璃制作成容器。几个世纪以来，拉丁语里甚至没有一个词表示"玻璃"的意思。公元 1 世纪时，这种情况发生了改变。一夜之间，罗马帝国的各个地方都在使用玻璃，罗马人用玻璃制作花瓶和盒子，用玻璃制作成做马赛克用的小方块，甚至还用玻璃制作窗户。

　　古罗马人从叙利亚引进玻璃吹制的新技术，导致玻璃生产急剧增长。玻璃吹制先要将一个玻璃球加热到非常软的程度，然后通过一根长管，将空气吹入玻璃球，使其膨胀，变成一个空心的容器。玻璃吹制有很多优势，它的速度比其他任何的玻璃制作技术都快。吹制出来的容器器壁更薄，这意味着可以使用更少的玻璃，也意味着人们可以获取到更多的玻璃制品。玻璃制品原本是象征显赫地位的物品，现在则变成了常见的物品。罗马人是循环利用者，他们会将打碎的玻璃熔化，再制作成新的容器。

这个吹制而成的玻璃缸制作于公元 300 年前。它保存着某个火化了的人的骨灰。

这个玻璃容器的形状像一个人头，它制作于公元 2 世纪，在现在的巴尔干半岛地区。

玻璃生产

公元 2 世纪时，罗马的玻璃生产达到了顶峰。在罗马帝国不同的地方，制作出了不同式样的玻璃制品。

在罗马有钱人的桌子上，开始流行使用玻璃制品。和陶器相比，玻璃容器更容易清洗，也不像青铜器那样，会腐蚀食物。

你知道吗？

1. 罗马人把硅石和苏打的混合物与一种稳定剂（通常是石灰或氧化镁）一起放在熔炉里加热，来制造玻璃。

2. 加入特定的金属氧化物会改变玻璃的颜色。

3. 加入钴可以制作出深蓝色的玻璃。

4. 加入锡可以制作出不透明的白色玻璃。

5. 加入氧化锰可以制作出无色玻璃。

6. 从公元1世纪起，罗马人制造出了玻璃马赛克瓷砖（小镶嵌片），它们通常是黄色、蓝色或绿色的。

7. 罗马玻璃的表面非常具有光泽。令人惊奇的是，即使过了几个世纪，那些保存至今的玻璃制品依然没有失去光泽。

熔　炉　一个温度非常高的炉子，用于烧制黏土或熔化金属等。

时间轴

古代罗马

公元前 509 年 罗马人将埃特鲁里亚人赶出罗马城，建立了共和国，开始征服埃特鲁里亚人的城市。

公元前 347 年 罗马人开始使用钱币。

公元前 312 年 罗马政治家阿庇乌斯·克劳狄乌斯·凯库斯修建了阿庇乌斯官道。

约公元前 300 年 罗马统治了意大利。

约公元前 250 年 罗马的农民开始采用轮作耕种法。

公元前 241 年 在第一次布匿战争中，罗马击败了迦太基，控制了西西里岛。

约公元前 218 年 第二次布匿战争，罗马与迦太基交战。

公元前 204 年 罗马开始与马其顿交战，在公元前 205 年取得胜利后，罗马统治了地中海西部地区。

古代中国

公元前 512 年 春秋时期军事理论家孙武受吴王重用为将，他写下了中国最早的军事理论著作——《孙子兵法》。

公元前 347 年 战国中期楚国出现中国最早的木质天平和铜砝码。

公元前 251 年 李冰父子在前人的基础上修筑都江堰。

公元前 246 年 秦国修建引泾水灌溉水利工程的郑国渠，全长 300 多公里。

公元前 220 年 秦始皇在全国修筑以都城咸阳为中心的驰道与直道，实行"车同轨"的措施。

公元前 206 年 项羽自立为西楚霸王，焚毁包括阿房宫在内的秦代宫室，大火三个月不灭。

约公元前 170 年 世界上第一条铺设了路面的道路在罗马建成。

公元前 146 年 罗马在非洲建立统治，控制了整个地中海地区。

公元前 110 年 罗马人开始使用带钉马蹄。

约公元前 100 年 罗马的建筑工人使用碎石和火山灰水泥（一般是沉淀在水下的）制作而成的混凝土。

约公元前 80 年 罗马人从地中海国家引进垂直下射水车，用于磨碎谷物。

公元前 58 年 尤利乌斯·恺撒开始了对高卢（法国）的十年征战。

公元前 40 年 尤利乌斯·恺撒被任命为罗马的终身独裁者。他引进了儒略历。

公元前 44 年 尤利乌斯·恺撒在罗马城被刺杀。

公元前 168 年 文学家、政论家贾谊卒，贾谊著有《过秦论》、《治安策》、《论积贮疏》等单篇和文著汇集《新书》。

公元前 141 年 汉景帝刘启卒，他执行"与民休息"的政策，发展生产，封建经济趋于繁荣。

公元前 101 年 汉从敦煌至盐泽（今新疆罗布泊）沿途修筑驿亭，并屯田供粮给中西使者，采取一系列措施繁荣"丝绸之路"。

公元前 86 年 西汉中期已发明炒钢技术，比欧洲早 1900 多年。

公元前 52 年 已开始使用以废旧麻料制成的麻纸。

约公元前 50 年 《九章算术》在西汉经过了多次增补修订终于成书，其中完整的分数运算方法、正负数加减法则等在世界数学史上均居领先地位。

公元前 44 年 西汉丝绸织品大量销至罗马，当地贵族争相穿着中国出产的丝绸制成的衣服。

公元前 27 年 屋大维成为罗马皇帝，标志着罗马帝国的开始。

公元 30 年 第一部拉丁语医学专著出版。

约公元 50 年 西班牙的塞哥维亚修建了引水渠。意大利的农民用水磨磨碎粮食。

公元 60 年 在不列颠的罗马军队击败了爱西尼人部落的女王——布迪卡。

公元 77 年 老普林尼总结了罗马的自然历史。

公元 79 年 维苏威火山爆发，埋没了罗马的庞培古城和赫库兰尼姆古城。

公元 80 年 古罗马大竞技场在罗马城建成。

公元 117 年 在哈德良皇帝统治下，罗马帝国的领土扩张到顶峰。

公元 128 年 万神殿在罗马城建成。

约公元 150 年 托勒密编制了一本天文学的纲要。

公元前 31 年 创用平向水轮，通过滑轮和皮带推动风箱向冶铁炉鼓风。

公元 31 年 杜诗发明水排，以水力鼓风，铸造农具。

公元 50 年 东汉光武帝命南匈奴入居云中（今内蒙古托克托东北）。

公元 69 年 水利家王景、王吴开始主持治理河、汴的水利工程。

公元 75 年 东汉明帝提倡佛法，命令民间正月十五张灯敬佛，这是元宵放灯的最早记录。

公元 82 年 班固基本撰成《汉书》，记述西汉一代的史事。

公元 119 年 张衡制作浑天仪，以水力自动演示天象及其活动。

公元 132 年 张衡创制世界上第一座候风地动仪，能测定较强地震的方位。

公元 286 年 戴克里先将罗马帝国分成东西两部分。

约公元 300 年 在斯普利特为戴克里先修建的宫殿使用拱门，拱门由独立的圆柱支撑起来。

公元 312 年 在米尔维安大桥战役中击败了帝国军队后，君士坦丁成为罗马帝国皇帝。

公元 330 年 君士坦丁将古城拜占庭作为他的新首都——君士坦丁堡。

公元 350 年 高卢的罗马人用一种水力驱动的锯木机切割大理石。

公元 410 年 由阿拉里克领导的西哥特人洗劫了罗马城，标志着罗马帝国衰亡的开始。

公元 441 年 阿提拉领导匈奴人大规模入侵罗马帝国。

公元 476 年 日耳曼首领奥多亚克废黜了最后一个西罗马帝国皇帝——罗慕路斯·奥古斯都，西罗马帝国灭亡。

公元 152 年 《敦煌所出东汉元嘉二年五弦琴谱》汉简为迄今发现的最早的古乐谱。

公元 302 年 晋惠帝永宁年间已经开始有雏形的马镫。

公元 338 年 东晋"五胡十六国"之一的成汉国铸造"汉兴"钱，是我国最早的年号钱。

公元 364 年 东晋医学家、炼丹术家葛洪卒，他著有《金匮药方》，内容包括各科医学，其中对天花等病的记载是世界医学史上最早的。

公元 444 年 刘义庆卒，刘义庆组织一批文人编写了《世说新语》。

公元 476 年 北魏孝文帝大兴佛教，禁杀牛马。

图书在版编目（CIP）数据

最坚固的路·罗马 / (美) 萨缪尔斯著 ; 张洁译. -- 上海 : 中国中福会出版社, 2015.11
（探秘古代科学技术）
ISBN 978-7-5072-2148-0

Ⅰ.①最… Ⅱ.①萨… ②张… Ⅲ.①科学技术 – 技
术史 – 古罗马 – 青少年读物 Ⅳ.①N091.985-49

中国版本图书馆CIP数据核字(2015)第261352号

版权登记：图字 09-2015-816

©2015 Brown Bear Books Ltd

 A Brown Bear Book

Devised and produced by Brown Bear Books Ltd,

First Floor, 9–17 St Albans Place, London, N1 0NX, United Kingdom

The simplified Chinese translation rights arranged through Rightol Media
（本书中文简体版权经由锐拓传媒取得 Email：copyright@rightol.com）

探秘古代科学技术
最坚固的路·罗马

【美】查理·萨缪尔斯 著　　张　洁 译

责任编辑：梁　莹
美术编辑：钦吟之

出版发行：中国中福会出版社
社　　址：上海市常熟路157号
邮政编码：200031
电　　话：021-64373790
传　　真：021-64373790
经　　销：全国新华书店
印　　制：上海昌鑫龙印务有限公司
开　　本：787mm×1092mm 1/16
印　　张：5.5
版　　次：2016年1月第 1 版
印　　次：2016年1月第 1 次印刷

ISBN 978-7-5072-2148-0/N·7　　　　定价 22.00元